科学のアルバム
かがやくいのち

トンボ

水生昆虫《すいせいこんちゅう》と水辺《みずべ》

中瀬　潤

監修／岡島秀治

あかね書房

科学のアルバム
かがやくいのち

トンボ 水生昆虫《すいせいこんちゅう》と水辺《みずべ》 もくじ

中瀬《なかせ》　潤《じゅん》

自然《しぜん》・昆虫写真家《こんちゅうしゃしんか》。1961年宮城県《ねんみやぎけん》生《う》まれ。仙台《せんだい》を拠点《きょてん》に昆虫《こんちゅう》を中心《ちゅうしん》とした動植物《どうしょくぶつ》の撮影《さつえい》をおこなっている。河北新報《かほくしんぽう》に『東北《とうほく》の虫《むし》たち』を５年間《ねんかん》、読売《よみうり》新聞宮城版《しんぶんみやぎばん》に『いきもの点描《てんびょう》』を３年間連載《ねんかんれんさい》するなど、地元《じもと》に密着《みっちゃく》した活動《かつどう》をする一方《いっぽう》、トビケラやカワゲラ、カゲロウなどの川虫《かわむし》や、トンボ、水生昆虫《すいせいこんちゅう》に強《つよ》い関心《かんしん》をよせ、それらを取《と》りまく水域全体《すいいきぜんたい》の生《せい》態系《たいけい》のようすを撮影《さつえい》しつづけている。著書《ちょしょ》に『カゲロウ観察事典《かんさつじてん》』（偕成社《かいせいしゃ》）、栗林慧氏《くりばやしさとしし》と共同《きょうどう》で写真を担当《たんとう》した『ギンヤンマ』（リブリオ出版《しゅっぱん》）がある。

「とんぼつり 今日《きょう》はどこまで 行《い》ったやら」
江戸時代《えどじだい》によまれた有名《ゆうめい》な俳句《はいく》です。虫《むし》とりあみをにぎって一日中野山《いちにちじゅうのやま》をかけまわる。私《わたし》は小学生《しょうがくせい》のころ、ほんとうにそんな子《こ》どもでした。すっかり暗《くら》くなってから家《いえ》に帰《かえ》って、両親《りょうしん》にしかられたことも一度《いちど》ではありません。おとなになった私《わたし》は、今回《こんかい》、あみをカメラに持《も》ちかえて、この本《ほん》の主人公《しゅじんこう》、ギンヤンマのことをずっとおいかけつづけました。そうしたら、今《いま》まで気《き》づくことができなかったトンボの生態《せいたい》がつぎつぎとわかってきて、とてもわくわくする気持《きも》ちになったのです。生《い》き物《もの》の観察《かんさつ》は、いくつになっても楽《たの》しいことですね。

岡島秀治《おかじましゅうじ》

東京農業大学教授《とうきょうのうぎょうだいがくきょうじゅ》・農学部長《のうがくぶちょう》・農学研究所長《のうがくけんきゅうしょちょう》。1950年大阪生《ねんおおさかう》まれ。東京農業大学大学院農学研究《とうきょうのうぎょうだいがくだいがくいんのうがくけんきゅう》科修了《かしゅうりょう》。農学博士《のうがくはくし》。専門《せんもん》は昆虫学《こんちゅうがく》で、アザミウマ目《もく》の分類《ぶんるい》や天敵《てんてき》に関《かん》する研究《けんきゅう》を中心《ちゅうしん》に、幅広《はばひろ》く昆虫《こんちゅう》をみつめ、コウチュウ目《もく》などにも造詣《ぞうけい》が深《ふか》い。100編《ぺん》をこえる学術論文《がくじゅつろんぶん》のほか、昆虫《こんちゅう》に関《かん》する図鑑類《ずかんるい》、解《かい》説書《せつしょ》や絵本《えほん》など、啓蒙書《けいもうしょ》を中心《ちゅうしん》に多数《たすう》の著書《ちょしょ》・監修《かんしゅう》書《しょ》がある。

トンボは飛行《ひこう》の名人《めいじん》。明《あか》るい池《いけ》の上《うえ》をパトロールするギンヤンマのオス。あっちへ行《い》ったりこっちへ来《き》たり。でも、同《おな》じギンヤンマのオスをみつけると、目《め》にもとまらぬ速《はや》さでおいかける。えさになる昆虫《こんちゅう》をみつけたときも同《おな》じだ。またあるときは、ヘリコプターのように空中《くうちゅう》で動《うご》くことなくとどまることもできる。昆虫《こんちゅう》のなかでもとびきりじょうずな飛行術《ひこうじゅつ》だ。そんなトンボのおもしろい生態《せいたい》を調《しら》べてみよう。ただし、水辺《みずべ》へはかならずおとなといっしょに行《い》こう！

第《だい》1章《しょう》　水辺《みずべ》の虫《むし》たち

水《みず》にめぐまれている日本《にほん》には、自然《しぜん》のままの水辺《みずべ》があちこちにあります。また、くらしに利用《りよう》するための池《いけ》や水路《すいろ》もたくさんつくられてきました。これらの水辺《みずべ》では、トンボなどの虫《むし》たちが飛《と》びまわり、水面《すいめん》をアメンボやミズスマシが泳《およ》いでいます。そして、水《みず》の中《なか》にも、たくさんの虫《むし》たちがくらしています。

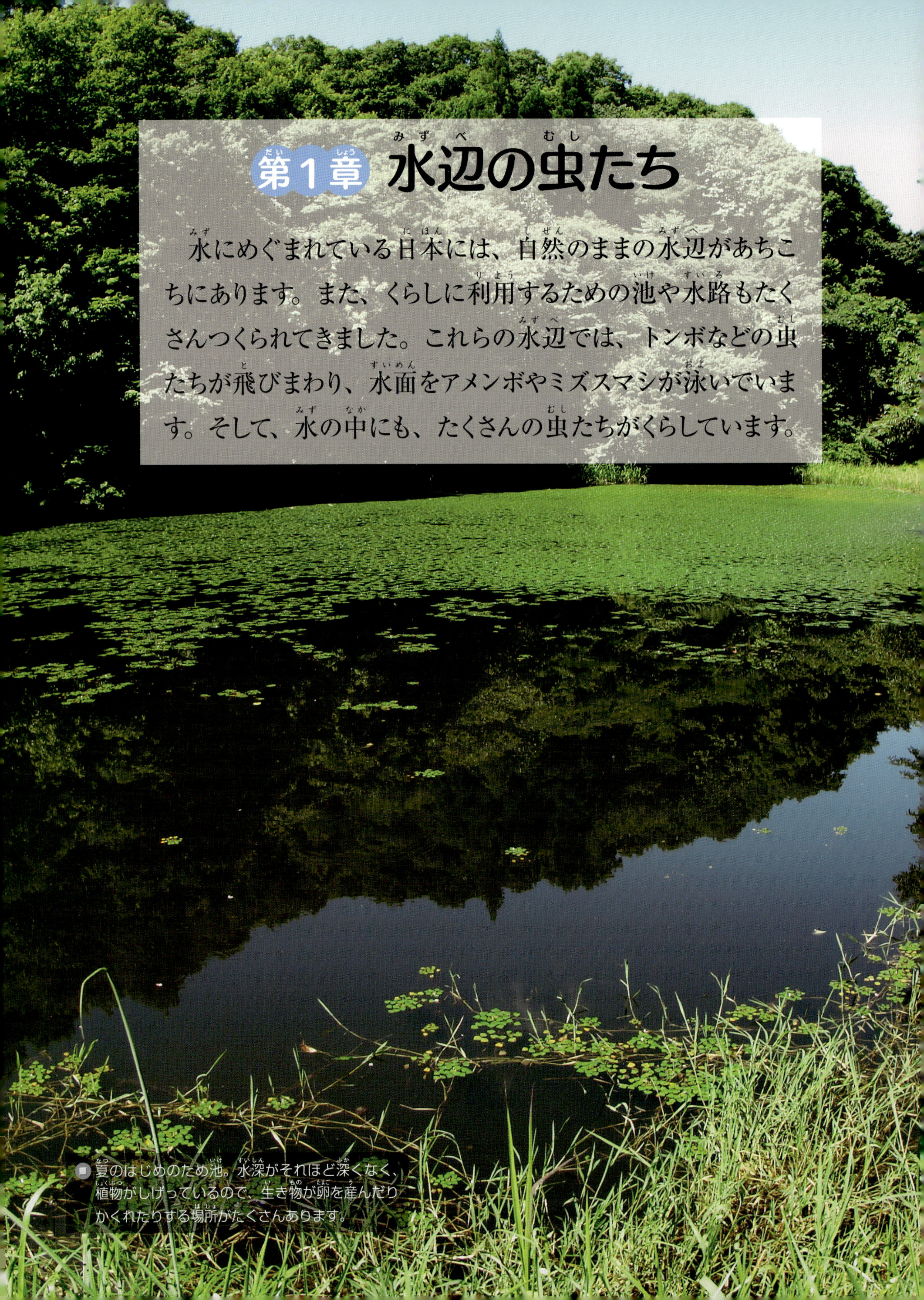

■夏《なつ》のはじめのため池《いけ》。水深《すいしん》がそれほど深《ふか》くなく、植物《しょくぶつ》がしげっているので、生《い》き物《もの》が卵《たまご》を産《う》んだりかくれたりする場所《はしょ》がたくさんあります。

△大《おお》きな沼《ぬま》や湖《みずうみ》には、岸近《きしちか》くのあさい場所《ばしょ》から岸《きし》からはなれた深《ふか》い場所《ばしょ》まで、さまざまな環境《かんきょう》があり、それぞれの場所《ばしょ》にあった虫《むし》がいます。

△水田《すいでん》や水路《すいろ》は、春《はる》のおわりから夏《なつ》までしか、水《みず》がありません。あさくて水《すい》温《おん》の変化《へんか》も大《おお》きい場所《ばしょ》ですが、それをうまく利用《りよう》してくらす虫《むし》がいます。

△川《かわ》では、上流《じょうりゅう》から河口《かこう》まで、環境《かんきょう》ごとにみられる虫《むし》の種類《しゅるい》や数《かず》がちがいます。流《なが》れがゆるやかになる中流部《ちゅうりゅうぶ》で、とくにいろいろな種類《しゅるい》がみられます。

ギンヤンマのけんか

池《いけ》の上《うえ》を、2ひきのギンヤンマが飛《と》んでいます。まるでおいかけっこのように、1ぴきがにげ、そのあとをもう1ぴきがおいかけていきます。

このトンボは、2ひきともオスです。ギンヤンマのオスは、岸《きし》に草《くさ》がしげっている、明《あか》るく見通《みとお》しのよい池《いけ》などのまわりでよくみられます。オスはこのような池《いけ》の水面上《すいめんじょう》のきまった場所《ばしょ》をひとりじめにしています。これを、なわばりといいます。

そして、ほかのオスがなわばりに入《はい》ってくると、おいだそうとしてはげしくおいまわします。ときには体当《たいあ》たりしたりかみついたりして、水面《すいめん》に落《お》として、必《ひっ》死《し》になわばりを守《まも》るのです。

なわばりに入《はい》ってきたほかのオスをおいまわすギンヤンマのオス。腹《はら》のつけねが水色《みずいろ》になっているのがオスのしるしです。なわばりの広《ひろ》さは、長《なが》さ30～50m、はば5～10mほどにもなります。公園《こうえん》の池《いけ》や田《た》んぼ、水路《すいろ》などでもみられます。

△昼間《ひるま》、なわばりの中《なか》を行《い》き来《き》して、ほかのオスが入《はい》ってこないようにみはっています。

△なわばりを守《まも》るオスにこうげきされ、水面《すいめん》に落《お》とされてしまったオス。

ギンヤンマの飛《と》ぶ力《ちから》

　トンボは、飛《と》ぶ力《ちから》がとてもすぐれていて、時速《じそく》35キロメートル近《ちか》くのスピードで飛《と》んだり、はばたきながら空中《くうちゅう》でとまったり、宙《ちゅう》がえりやバックもできます。それに、眼《め》が大《おお》きくてとても視力《しりょく》がよく、飛《と》びながら小《ちい》さなものまで見分《みわ》けることができます。

　この力《ちから》を使《つか》って、トンボは地上《ちじょう》や草《くさ》の上《うえ》などにいる虫《むし》のほか、飛《と》んでいる虫《むし》までつかまえることができます。体《からだ》が小《ちい》さな種類《しゅるい》のトンボは、カやアブ、ハエなどの小《ちい》さな虫《むし》をつかまえますが、ギンヤンマなどの大《おお》きな種類《しゅるい》では、ほかのトンボやセミなどをつかまえてたべることもあります。

△がんじょうな大《おお》あごを使《つか》って、えものをかみちぎってたべます。

▷アキアカネをつかまえたギンヤンマのオス。小《ちい》さなえものは飛《と》びながらたべますが、大《おお》きなえものは、水辺《みずべ》にはえている植物《しょくぶつ》などにとまって、たべます。

ギンヤンマにも敵《てき》がたくさん

体《からだ》が大《おお》きく、ほかのトンボまでたべてしまうギンヤンマにも、おそろしい敵《てき》がたくさんいます。

飛《と》んでいるときは、トンボよりも飛《と》ぶ力《ちから》がすぐれたツバメなどの鳥《とり》にねらわれたりします。また、クモのあみにひっかかって、たべられてしまうことも少《すく》なくありません。

水面近《すいめんちか》くでカエルやカメにたべられたり、体《からだ》の一部《いちぶ》を水《みず》につけたときは、ゲンゴロウの幼虫《ようちゅう》などにも気《き》をつけなければなりません。また、ほかのトンボと戦《たたか》って水面《すいめん》に落《お》ちたときは、アメンボのような小《ちい》さな虫《むし》もおそろしい敵《てき》です。

水面近《すいめんちか》くの植物《しょくぶつ》にとまって卵《たまご》を産《う》もうとしたところ、ゲンゴロウの幼虫《ようちゅう》にくいつかれ、必死《ひっし》ににげようとしています。

トウキョウダルマガエル。大型《おおがた》のカエルは、ねばねばしたしたをすばやくのばし、トンボをとらえます。

体《からだ》をくいちぎられたギンヤンマが、アメンボにおそわれています。

■あみにひっかかったギンヤンマをおそうジョロウグモ。

メスがやってきた

オスがパトロールしているなわばりの中《なか》に、メスがやってきました。ほかのオスがやってきたときとはちがい、おいはらおうとはしません。

オスは後《うし》ろからメスに近《ちか》づき、メスの胸《むね》やはねをあしでつかまえました。そして、体《からだ》のいちばん後《うし》ろにある付属器《ふぞくき》という部分《ぶぶん》でメスの頭《あたま》の後《うし》ろをつかみ、あしをはなして近《ちか》くの草《くさ》まで飛《と》んでいきます。

そのまま草《くさ》にとまると、メスは体《からだ》をまるめるようにして、おしりをオスの腹《はら》のつけねあたりにくっつけます。これが、ギンヤンマが自分《じぶん》の子孫《しそん》をのこすためにおこなう交尾《こうび》です。

△メスをつかまえようとしているギンヤンマ。上《うえ》がオスで下《した》がメスです。草《くさ》などにとまっているメスをつかまえることもあれば、飛《と》んでいるメスをおいかけて、空中《くうちゅう》でつかまえることもあります。

■交尾《こうび》をしているギンヤンマ。メスは腹《はら》をまるめ、おしりをオスの腹《はら》のつけねあたりにある副生殖器《ふくせいしょくき》という部分《ぶぶん》におしつけます。

卵《たまご》を産《う》む場所《ばしょ》をさがして……

　交尾《こうび》をおえると、オスはメスの頭《あたま》をつかまえたまま、飛《と》びたちます。このような状態《じょうたい》を、尾《お》つながり、またはタンデムといいます。
　2ひきは、尾《お》つながりのまま、水《みず》の中《なか》から植物《しょくぶつ》がはえていたり、水草《みずくさ》の茎《くき》が水面《すいめん》のすぐ下《した》にあるような場所《ばしょ》をさがします。卵《たまご》を産《う》むために、ちょうどよい場所《ばしょ》をみつけると、オスとメスは水面近《すいめんちか》くにおりていきます。

尾《お》つながりのまま、卵《たまご》を産《う》む場所《ばしょ》をさがして飛《と》ぶギンヤンマ。

■尾《お》つながりのまま卵《たまご》を産《う》むメス（左《ひだり》）。水《みず》草《くさ》の茎《くき》だけでなく、水《みず》の中《なか》からはえている植物《しょくぶつ》の茎《くき》や、水中《すいちゅう》にたおれたヨシやガマなどの茎《くき》にも産卵《さんらん》します。

ギンヤンマの産卵《さんらん》

水面《すいめん》にうかんだ水草《みずくさ》の葉《は》にとまると、メスは水《みず》の中《なか》にある茎《くき》に卵《たまご》を産《う》みはじめました。メスが卵《たまご》を産《う》んでいるあいだ、オスは、メスを横《よこ》どりしようとするほかのオスが近《ちか》づかないようにみはります。

メスは、おしりにある産卵管《さんらんかん》で水《みず》の中《なか》にある茎《くき》をさぐりながら、１つずつ卵《たまご》を産《う》みつけていきます。

メスが数十個《すうじっこ》の卵《たまご》を茎《くき》に産《う》みつけたのをみとどけると、２ひきは尾《お》つながりのままべつの場所《ばしょ》へ飛《と》んでいき、また卵《たまご》を産《う》みます。こうして何《なん》か所《しょ》かで卵《たまご》を産《う》んだメスは、オスからはなれ、水辺《みずべ》の木《き》や草《くさ》にとまって休《やす》みます。

1 ぴきで卵《たまご》を産《う》むギンヤンマのメス。オスとはなれたあと、メスだけで卵《たまご》を産《う》むことがあります。このようなときにほかのオスにみつかると、またつかまえられて交尾《こうび》をし、ふたたび尾《お》つながりでの産卵《さんらん》をします。

メスのおしりにある産卵管《さんらんかん》（矢《や》印《じるし》）。先《さき》がするどくとがっていて、茎《くき》にきずをつけます。

水草《みずくさ》の茎《くき》に卵《たまご》が産《う》みつけられたあと。同《おな》じくらいの間《あいだ》をあけて、長《なが》さ 2㎜ほどの卵《たまご》が茎《くき》に何列《なんれつ》か産《う》みつけられています。

卵《たまご》を産《う》んだあと、水辺《みずべ》の木《き》にとまって休《やす》むメス。

いろいろある卵《たまご》の産《う》み方《かた》

ギンヤンマのようにメスが卵《たまご》を水草《みずくさ》の中《なか》に産《う》みつけるのは、おおくの種類《しゅるい》のトンボにみられる卵《たまご》の産《う》み方《かた》です。でも、ほかの産《う》み方《かた》をするトンボもいます。

アキアカネやシオカラトンボは、卵《たまご》を水草《みずくさ》の中《なか》などに産《う》みつけず、腹先《はらさき》を水《みず》に打《う》ちつけて水中《すいちゅう》にたくさんの卵《たまご》をばらまきます。卵《たまご》は水中《すいちゅう》にしずんでいって、水《みず》草《くさ》の上《うえ》や、底《そこ》のどろの上《うえ》などに落《お》ちます。また、オニヤンマなどは、あさい小川《おがわ》で腹先《はらさき》を川底《かわぞこ》のすなにつきさし、卵《たまご》を産《う》みつけます。

さらに、ナツアカネなどのように、空《くう》中《ちゅう》から卵《たまご》をばらまくものもいますし、ヤブヤンマのように水辺《みずべ》のしめった土《つち》やコケに卵《たまご》を産《う》みつけるものもいます。

また、イトトンボやカワトンボのなかまでは、親《おや》が完全《かんぜん》に水《みず》の中《なか》にもぐり、水《すい》中《ちゅう》の植物《しょくぶつ》の茎《くき》に卵《たまご》を産《う》みつけるものがたくさんいます。

卵《たまご》を産《う》むアキアカネ。尾《お》つながりで飛《と》びながら腹先《はらさき》を水《みず》につけ、水中《すいちゅう》にたくさんの卵《たまご》をばらまきます。おおくの卵《たまご》は魚《さかな》や水《みず》の中《なか》にすむほかの虫《むし》などに食《た》べられてしまいますが、産《さん》卵中《らんちゅう》でもすばやくにげられるので、メスがおそわれるきけんがへります。

卵《たまご》を産《う》むヤブヤンマ。水辺《みずべ》のしめった土《つち》の中《なか》に、メスが卵《たまご》を産《う》みつけています。

△卵《たまご》を産《う》むミヤマカワトンボ。完全《かんぜん》に体《からだ》を水《みず》の中《なか》にしずめ、すこし深《ふか》いところにある水草《みずくさ》の茎《くき》や根《ね》などに卵《たまご》を産《う》みつけます。

△卵《たまご》を産《う》むオニヤンマ。あさい水《みず》の底《そこ》に腹先《はらさき》を打《う》ちつけるようにつきさし、すなの中《なか》に卵《たまご》を産《う》みます。

水辺《みずべ》に飛《と》んでくる虫《むし》

水辺《みずべ》には、トンボ以外《いがい》にもいろいろな虫《むし》がいます。トビケラやカゲロウ、カワゲラなど、水面《すいめん》や水《みず》の中《なか》でくらす期間《きかん》がある虫《むし》は、水生昆虫《すいせいこんちゅう》とよばれます。また、水生昆虫《すいせいこんちゅう》ではありませんが、カマバエなどのように水辺《みずべ》のしめった土《つち》などに卵《たまご》を産《う》むものもたくさんいます。

また、ふだんは別《べつ》の場所《ばしょ》でくらしていますが、水辺《みずべ》に水《みず》をのみにやってくるものもいます。そして、これらの虫《むし》をたべる虫《むし》やクモ、カエル、トカゲ、鳥《とり》たちもあつまってきます。水辺《みずべ》はさまざまな生《い》き物《もの》にとって、たいせつな場所《ばしょ》になっているのです。

△水辺《みずべ》の木《き》にとまって交尾《こうび》しているニンギョウトビケラ。幼《よう》虫《ちゅう》は水《みず》がきれいな川《かわ》や湖《みずうみ》の岸近《きしちか》くなどでくらしています。

△水辺《みずべ》の草《くさ》にとまっているフタバカゲロウのメスの成虫《せいちゅう》。幼虫《ようちゅう》は川岸《かわぎし》の水《みず》たまりや池《いけ》、プールなどでくらしています。さなぎにはならず、水面《すいめん》で羽化《うか》して、１日《にち》から２日後《ふつかご》に地上《ちじょう》でふたたび脱皮《だっぴ》してほんとうの成虫《せいちゅう》になります。

水辺《みずべ》の木《き》の枝《えだ》にとまるクロセンブリ。幼《よう》虫《ちゅう》は水《みず》の中《なか》でくらしますが、成虫《せいちゅう》は水辺《みずべ》のヤナギの花粉《かふん》などを食《た》べます。

水辺《みずべ》のしめった土《つち》から水《みず》をすうナミアゲハ。アオスジアゲハなどと群《む》れになって水《みず》をすっていることがよくあります。

池《いけ》のほとりで水《みず》をのむハンミョウ。水辺《みずべ》に飛《と》んできて、水《みず》をのむことがよくあります。

水辺《みずべ》にやってきたカマバエの 1 種《しゅ》。前《まえ》あしがカマキリのかまのようになったハエで、しめった土《つち》などに卵《たまご》を産《う》みます。

■川《かわ》の上《うえ》を光《ひか》りながら飛《と》ぶゲンジボタルのオス。メスは水辺《みずべ》の草《くさ》や木《き》の葉《は》にとまって光《ひか》り、交尾《こうび》の相手《あいて》になるオスがくるのをまちます。

夜《よる》の水辺《みずべ》では……

トンボやカゲロウなどのほかに、水辺《みずべ》の虫《むし》として有名《ゆうめい》なものに、ホタルがいます。夏《なつ》のはじめの水辺《みずべ》には、夜《よる》になるとホタルの群《む》れがみられる場所《ばしょ》があります。ゲンジボタルはわりあいきれいな水《みず》がながれる川《かわ》で、ヘイケボタルは田《た》んぼや池《いけ》などのまわりでみられます。

どちらのホタルも、幼虫《ようちゅう》は水《みず》の中《なか》でくらします。成長《せいちょう》した幼虫《ようちゅう》は岸《きし》に上《あ》がって、土《つち》の中《なか》でさなぎになり、夏《なつ》のはじめごろに成虫《せいちゅう》になって地上《ちじょう》に出《で》てきます。

ホタルの成虫《せいちゅう》は、地上《ちじょう》に出《で》てからわずか１～２週間《しゅうかん》ほどしか生《い》きられません。この短《みじか》い期間《きかん》、夜《よる》になると、オスは交尾《こうび》をする相手《あいて》のメスをさがして、光《ひか》りながら水辺《みずべ》をとびまわるのです。

ゲンジボタル（上《うえ》）とヘイケボタル（下《した》）。ゲンジボタルの方《ほう》がヘイケボタルより体《からだ》が大《おお》きく、強《つよ》く光《ひか》ります。

カワニナという巻《ま》き貝《がい》をたべるゲンジボタルの幼虫《ようちゅう》。わりあい水《みず》がきれいな川《かわ》で、おもにカワニナをたべて育《そだ》ちます。

タニシをたべるヘイケボタルの幼虫《ようちゅう》。池《いけ》や田《た》んぼで、タニシなどの巻《ま》き貝《がい》や弱《よわ》ったオタマジャクシをたべて育《そだ》ちます。

第《だい》2章《しょう》 池《いけ》の中《なか》では

　秋《あき》になり、水辺《みずべ》では、体《からだ》の赤《あか》いアキアカネのすがたがたくさんみられるようになります。いっぽう、池《いけ》の上《うえ》を飛《と》ぶギンヤンマは、だんだん数《かず》がへってきます。

　そのころ、池《いけ》の中《なか》では、ギンヤンマの幼虫《ようちゅう》（ヤゴ）が育《そだ》っています。卵《たまご》からかえったばかりのものから、大《おお》きく育《そだ》ったものまで、いろいろな大《おお》きさのヤゴがみられます。また、ヤゴがたべるいろいろな生《い》き物《もの》や、ヤゴの敵《てき》になる生《い》き物《もの》たちなど、たくさんの命《いのち》がいきづいています。

池《いけ》の中《なか》のようす。水草《みずくさ》がおいしげり、そのすきまなどにいろいろな生《い》き物《もの》がくらしています。

■ かれた植物《しょくぶつ》が目立《めだ》つようになった秋《あき》の水辺《みずべ》を飛《と》ぶギンヤンマのオス。11月《がつ》の中《なか》ごろまで、すがたをみかけます。

幼虫《ようちゅう》が生《う》まれた

ギンヤンマの卵《たまご》は水草《みずくさ》の茎《くき》の中《なか》に産《う》みつけられているので、魚《さかな》などの敵《てき》におそわれることもなく、育《そだ》っていきます。水《みず》の温度《おんど》にもよりますが、10日《とおか》から2週《しゅう》間《かん》ほどで卵《たまご》がふ化《か》し、エビのようなすがたの前幼虫《ぜんようちゅう》というものが体《からだ》をくねらせて、茎《くき》から水《みず》の中《なか》へ出《で》てきます。

生《う》まれたばかりの前幼虫《ぜんようちゅう》は、まだ歩《ある》くことも泳《およ》ぐこともできません。茎《くき》から体《からだ》をつきだしたまま、すぐに体《からだ》をつつんでいた皮《かわ》をぬいで、幼虫《ようちゅう》になります。

この幼虫《ようちゅう》をヤゴといいます。おとなのトンボとは形《かたち》がずいぶんちがいます。あしはありますが、はねはまだありません。

ふ化《か》する直前《ちょくぜん》の卵《たまご》のようす（産《う》みつけられてから12日目《にちめ》）。卵《たまご》の中《なか》に前幼虫《ぜんようちゅう》の体《からだ》がすっかりできあがっています。黒《くろ》い点《てん》のようにみえるのは、前幼虫《ぜんようちゅう》の眼《め》です。この写真《しゃしん》では、水草《みずくさ》の茎《くき》の皮《かわ》をはいで、中《なか》の卵《たまご》がみえるようにしてあります。

産《う》みつけられてから1日目《にちめ》の卵《たまご》のようす。

産《う》みつけられてから6日目《かめ》の卵《たまご》のようす。

産《う》みつけられてから12日目《にちめ》の卵《たまご》のようす。

体《からだ》をくねらせながら茎《くき》から出《で》てきた前幼虫《ぜんようちゅう》。このまますぐに脱皮《だっぴ》し、１齢幼虫《れいようちゅう》になります。

脱皮《だっぴ》したばかりの幼虫《ようちゅう》（１齢幼虫《れいようちゅう》）。まだ体《からだ》の色《いろ》が出《で》ていませんが、だんだん黒《くろ》っぽくなっていきます。

フタバカゲロウの幼虫《ようちゅう》をつかまえたギンヤンマの１齢幼虫《れいようちゅう》。体《からだ》の大《おお》きさは２㎜ほどしかありません。小《ちい》さなうちは黒《くろ》っぽい体《からだ》の色《いろ》をしていますが、脱皮《だっぴ》を何回《なんかい》もくりかえすうちに緑《みどり》がかったうす茶色《ちゃいろ》にかわっていきます。

8～9回《かい》ほど脱皮《だっぴ》をしたギンヤンマのヤゴ。大《おお》きな眼《め》の後《うし》ろ（矢印《やじるし》）に、小《ち》さな翅芽《しが》（はねになる部分《ぶぶん》）がついています。

ヤゴの大《おお》きさのうつりかわり。左下《ひだりした》が1齢幼虫《れいようちゅう》（矢印《やじるし》）、中央《ちゅうおう》が最後《さいご》の脱皮《だっぴ》をおえる前《まえ》の幼虫《ようちゅう》、右上《みぎうえ》が9～10齢《れい》くらいの幼虫《ようちゅう》です。（実際《じっさい》の大《おお》きさです）

脱皮《だっぴ》をくりかえして大《おお》きくなる

ヤゴは、池《いけ》の中《なか》でえものをとらえ、それをたべて育《そだ》っていきます。体《からだ》が大《おお》きくなって、体《からだ》をつつんでいる皮《かわ》がきつくなり、それ以上《いじょう》大《おお》きくなれなくなると、脱《だっ》皮《ぴ》をします。きつくなった古《ふる》い皮《かわ》をすて、新《あたら》しい皮《かわ》につつまれることで、また大《おお》きくなることができるのです。

ギンヤンマのヤゴは、生《う》まれたときは2ミリメートルほどしかありませんが、最後《さいご》には5センチメートル以上《いじょう》の大《おお》きさにまで育《そだ》ちます。

ヤゴが脱皮《だっぴ》をする回数《かいすう》は、水温《すいおん》などにもよりますが、トンボの種類《しゅるい》によってだいたいきまっています。ギンヤンマはふつう、前幼虫《ぜんようちゅう》から幼虫《ようちゅう》への脱皮《だっぴ》をふくめて、14回《かい》くらい脱皮《だっぴ》をします。

最後《さいご》の脱皮《だっぴ》をするギンヤンマのヤゴ。水草《みずくさ》の茎《くき》につかまってじっとしていると、頭《あたま》の後《うし》ろの部分《ぶぶん》の皮《かわ》がさけてきます。

皮《かわ》がさけたところから、のびあがるようにして終齢幼虫《しゅうれいようちゅう》の頭《あたま》と胸《むね》の部分《ぶぶん》があらわれます。

水草《みずくさ》の茎《くき》にあしでつかまりながら、腹部《ふくぶ》を古《ふる》い皮《かわ》からひきぬいていきます。

完全《かんぜん》に体《からだ》をひきぬいて、脱皮《だっぴ》をおえました。終齢幼虫《しゅうれいようちゅう》は翅《し》芽《が》が大《おお》きく、よく目立《めだ》ちます。

水《みず》の力《ちから》を利用《りよう》する幼虫《ようちゅう》

ヤゴは、水《みず》をじょうずに使《つか》ってくらしています。水《みず》を利用《りよう》するときにやくだっているのが、腹《はら》の中《なか》にある直腸《ちょくちょう》という器《き》官《かん》です。

まず、ここで肛門《こうもん》からの水《みず》を出《だ》し入《い》れを調節《ちょうせつ》して、腹《はら》の中《なか》にあるえらで呼吸《こきゅう》をします。そして、泳《およ》ぐときは、肛門《こうもん》から出《だ》す水《みず》の力《ちから》で進《すす》みます。水《みず》を出《だ》す量《りょう》を調《ちょう》節《せつ》し、泳《およ》ぐ速《はや》さをかえられます。

また、口《くち》の下《した》には、うでのようにまげのばしできる器官《きかん》（下唇《かしん》）がたたまれています。肛門《こうもん》をとじて直腸《ちょくちょう》から水《みず》をおくりこむことで、すばやく下唇《かしん》を前《まえ》にのばし、えものをつかまえるのです。

▲ゆっくりとただようように泳《およ》いでいるヤゴ（右上《みぎうえ》）と、水《みず》をいきおいよくふき出《だ》してすばやく泳《およ》ぐヤゴ（下《した》）。ゆっくり泳《およ》ぐときには、あしでかじを取《と》ります。速《はや》く泳《およ》ぐときには、あしを体《からだ》にくっつけて、水《みず》の中《なか》を進《すす》みやすくします。

△水《みず》にしずんだかれ枝《えだ》の上《うえ》でじっとしているギンヤンマのヤゴに、メダカが近《ちか》づいてきました。

△メダカが近《ちか》くまでくると、ヤゴは目《め》にもとまらぬ速《はや》さで下《か》唇《しん》をのばし、先《さき》にあるきばでメダカにかみつきました。

△下唇《かしん》を頭《あたま》の下《した》にたたんで、きばではさんだメダカを口《くち》にはこび、かぶりついてたべます。口《くち》には左右《さゆう》に開《ひら》くナイフのような大《おお》あごがあり、これでえものをかみくだきます。

ヤゴもきけんがいっぱい

　ギンヤンマのヤゴはどうもうで、小《ちい》さな魚《さかな》やオタマジャクシまでつかまえてたべてしまいます。でも、小《ちい》さなうちは、魚《さかな》や自分《じぶん》より体《からだ》の大《おお》きなヤゴ、あるいはほかの水生昆虫《すいせいこんちゅう》にたべられてしまいます。また、大《おお》きくなっても、カエルや大《おお》きな魚《さかな》、アメリカザリガニなど、おそろしい敵《てき》がたくさんいます。

　敵《てき》やきけんからのがれ、生《い》きのびたほんの一部《いちぶ》のものだけが、大《おお》きく育《そだ》つことができるのです。

■ゲンゴロウの幼虫《ようちゅう》につかまったギンヤンマのヤゴ。ゲンゴロウの幼虫《ようちゅう》は、大《おお》きくてするどい大《おお》あごでかみつき、その先《さき》から毒液《どくえき》と消化液《しょうかえき》を流《なが》しこんで、えものの体《からだ》をとかし、すいとってしまいます。

タイリクバラタナゴをたべるゲンゴロウの成虫《せいちゅう》。泳《およ》ぐのがうまく、弱《よわ》っていたり、死《し》んだばかりの魚《さかな》やオタマジャクシ、水生昆虫《すいせいこんちゅう》などをおそってたべます。

水《みず》の中《なか》のハンターたち

池《いけ》や沼《ぬま》、川《かわ》には、ギンヤンマのヤゴと同《おな》じように、肉食《にくしょく》の虫《むし》がたくさんすんでいます。ゲンゴロウやタガメ、タイコウチ、ミズカマキリなどのなかまです。

水《みず》の中《なか》のハンターともよばれるこれらの虫《むし》は、成虫《せいちゅう》も幼虫《ようちゅう》も水《みず》の中《なか》でかりをし、なかまどうしやほかの水生昆虫《すいせいこんちゅう》、小魚《こざかな》などをおそいます。なかにはヤゴにとって、おそろしい敵《てき》になるものもいます。

また、アメンボのなかまやマツモムシのように、水面《すいめん》に落《お》ちた虫《むし》などをおそうものもいます。おとなのトンボが、これらの虫《むし》におそわれることもすくなくありません。

水面《すいめん》に落《お》ちたアキアカネにむらがるアメンボとヒメアメンボ。するどい口《くち》をつきさし、体《からだ》の中《なか》をとかしてすいます。

マツモムシ。背中《せなか》を下《した》にして水面下《すいめんか》にとどまり、水面《すいめん》に落《お》ちた虫《むし》を水中《すいちゅう》からおそい、体《からだ》のしるをすいます。

卵《たまご》をまもるタガメのオス。幼虫《ようちゅう》も成虫《せいちゅう》も、水生昆虫《すいせいこんちゅう》や小魚《こざかな》、オタマジャクシやカエルなどをおそいます。

ミズカマキリ。幼虫《ようちゅう》も成虫《せいちゅう》も、水《みず》の中《なか》でまちぶせして、水生《すいせい》昆虫《こんちゅう》や小魚《こざかな》、オタマジャクシなどをおそいます。

タイコウチ。幼虫《ようちゅう》も成虫《せいちゅう》も、水生昆虫《すいせいこんちゅう》やオタマジャクシ、ときには小魚《こざかな》もおそって、体《からだ》のしるをすいます。

きれいな川《かわ》にすむ虫《むし》

川《かわ》の中《なか》には、池《いけ》や沼《ぬま》の中《なか》とはちがう虫《むし》たちがすんでいます。川《かわ》の水《みず》は流《なが》れているので、そこにすんでいる虫《むし》たちは、川《かわ》底《そこ》にしずんでいる木《き》や落《お》ち葉《ば》、川《かわ》の中《なか》の石《いし》にくっついていたり、石《いし》のあいだや下《した》などに巣《す》をつくり、かくれているのです。

川《かわ》の中《なか》の虫《むし》としてよく知《し》られているのは、カゲロウやカワゲラ、トビケラやヘビトンボという虫《むし》たちの幼虫《ようちゅう》です。トンボと同《おな》じように、成虫《せいちゅう》は、水辺《みずべ》や林《はやし》などでくらしています。

これらの幼虫《ようちゅう》は川虫《かわむし》ともよばれ、石《いし》についた藻《も》や水中《すいちゅう》のゴミをたべるものと、水生昆虫《すいせいこんちゅう》などをたべるものなどがいます。そして、川《かわ》の魚《さかな》たちにとっての重要《じゅうよう》な食《た》べ物《もの》になっています。

△シロタニガワカゲロウの幼虫《ようちゅう》。体《からだ》が平《ひら》たく、おもに川《かわ》の中《なか》の石《いし》にくっついている藻《も》（ケイソウ）をたべます。

△オオヤマカワゲラの幼虫《ようちゅう》。川《かわ》の上流《じょうりゅう》にみられます。川底《かわぞこ》を歩《ある》きまわり、カゲロウの幼虫《ようちゅう》などをたべます。

△ヨツメトビケラの幼虫《ようちゅう》。小石《こいし》を糸《いと》でつづってつつをつくって、その巣《す》の中《なか》に入《はい》ったまま、川《かわ》の中《なか》を移動《いどう》します。

△ヘビトンボの幼虫《ようちゅう》。川《かわ》の石《いし》の下《した》や石《いし》のあいだにかくれています。5㎝ほどになります。カゲロウの幼虫《ようちゅう》などをたべます。

■川《かわ》の中《なか》の石《いし》をしらべると、石《いし》の表面《ひょうめん》にカゲロウのなかまの幼虫《ようちゅう》がくっついていることがよくあります。

第《だい》3章《しょう》 ヤゴからトンボに

　暖《あたた》かい春《はる》がすぎ、池《いけ》の中《なか》のギンヤンマのヤゴはすっかり大《おお》きくなりました。敵《てき》のこうげきやさまざまなきけんをくぐりぬけたヤゴは、最後《さいご》の脱皮《だっぴ》をすませ、いよいよトンボになる日《ひ》をむかえます。季節《きせつ》が春《はる》から夏《なつ》にかわるころ、ギンヤンマのヤゴは、半年以上《はんとしいじょう》もつづいた水《みず》の中《なか》でのくらしをおえる準備《じゅんび》をはじめるのです。

■夏《なつ》のはじめのため池《いけ》。

▲水面《すいめん》に頭《あたま》を出《だ》してじっとしているギンヤンマのヤゴ。これまで、水《みず》の中《なか》で呼吸《こきゅう》していた体《からだ》のしくみを、成虫《せいちゅう》になって空気中《くうきちゅう》で呼吸《こきゅう》をするためのしくみにつくりかえています。ふつう3日《みっか》〜4日《よっか》ほど、このような状態《じょうたい》をつづけます。

ヤゴが水《みず》から出《で》てきた

夏《なつ》のはじめ、じゅうぶんに成長《せいちょう》したギンヤンマのヤゴは、あるときから急《きゅう》に食《しょく》よくがなくなり、何《なに》もたべなくなります。そして、植物《しょくぶつ》の茎《くき》につかまり、水《みず》から頭《あたま》を出《だ》して動《うご》かなくなります。

何日《なんにち》かそのままじっとしていたヤゴは、日《ひ》がしずんであたりが暗《くら》くなるころ、茎《くき》をのぼりはじめました。のぼりながら、ヤゴはさかんにおしりを動《うご》かして、まわりにぶつかるようなものがないか、ようすをさぐります。

何度《なんど》も茎《くき》をのぼったりおりたりしながら、気《き》に入《い》った場所《ばしょ》をえらびます。ようやく場所《ばしょ》をきめたヤゴは、あしでしっかりと茎《くき》につかまり、動《うご》かなくなります。何《なに》がはじまるのでしょう。

■ 茎《くき》の先《さき》にしっかりとつかまって動《うご》かなくなったヤゴ。ヤゴが茎《くき》をのぼるのは、きまって天気《てんき》がよく、風《かぜ》もおだやかな夜《よる》です。

胸部《きょうぶ》の背中側《せなかがわ》の皮《かわ》がさけて、成虫《せいちゅう》の緑《みどり》色《いろ》の胸部《きょうぶ》がみえてきます。羽化《うか》のはじまりです。

頭部《とうぶ》と胸部《きょうぶ》がすっかり外《そと》に出《で》ました。あしをひきぬきながら、腹《はら》が半分《はんぶん》出《で》るくらいまで、外《そと》に出《で》てきます。

腹部《ふくぶ》を半分《はんぶん》のこしたまま、体《からだ》をそりかえらせ、頭《あたま》を下《した》にしたまま動《うご》かなくなります。

ヤゴがトンボになる

カブトムシやチョウは、幼虫《ようちゅう》がさなぎになり、そこでおとなの体《からだ》をつくって、羽化《うか》します。でも、トンボの幼虫《ようちゅう》はさなぎにならず、じゅうぶんに育《そだ》った幼虫《ようちゅう》が皮《かわ》をぬいで、おとなのトンボになります。羽化《うか》はふつう、風《かぜ》があまりふかない、天《てん》気《き》のよい夜《よる》におこなわれます。

ギンヤンマの羽化《うか》は、とちゅうで、成《せい》虫《ちゅう》がぬけがらからぶらさがるように、頭《あたま》を下《した》にする時間《じかん》があります。あしがしっかりとかたまるのをまつためです。羽化《うか》がはじまってから終《お》わるまで、4～5時《じ》間《かん》ほどかかります。ですから、羽化《うか》が終《お》わり、成虫《せいちゅう》の体《からだ》がしっかりとするころには、真夜中《まよなか》になっています。そして、飛《と》べるようになったトンボは、そのまま夜《よ》が明《あ》けるのをまつのです。

なかには、腹《はら》がうまくぬけなかったり、はねをのばすことができずに死《し》んでしまうものもいます。また、せっかく羽化《うか》しても、うまく飛《と》びたてず、水《みず》に落《お》ちて死《し》んでしまうものもいます。

やわらかかったあしが、しっかりとかたくなるまで、そのままじっとしています。

体《からだ》をおこし、かたくなったあしで、ぬけがらになった頭《あたま》の部分《ぶぶん》の皮《かわ》に、しっかりとつかまります。

のこっていた腹先《はらさき》をすっかりひきぬいて、ちぢんでいるはねをのばしはじめます。

はねがすっかりのびると、空気《くうき》をすって腹部《ふくぶ》におくり、腹部《ふくぶ》をのばして、体《からだ》の中《なか》にたまっていた水《みず》をすてます。

はねをひらいて、はねがしっかりとかたまるのをまちます。はねがすっかりかわいてかたくなると、飛《と》べるようになりますが、このまま、夜《よ》が明《あ》けて太《たい》陽《よう》がのぼってくるのをまちます。

飛《と》びたつギンヤンマ

　夜《よ》が明《あ》けて、太陽《たいよう》がのぼってきました。今日《きょう》から、成虫《せいちゅう》としてのギンヤンマのくらしがはじまります。体《からだ》に朝日《あさひ》をあびたギンヤンマは、池《いけ》からはなれた野原《のはら》や林《はやし》へ飛《と》んでいきます。食《た》べ物《もの》やかくれる場所《ばしょ》がたくさんあるからです。そこで、1か月《げつ》ほどすごしながら、虫《むし》をたくさんたべ、交尾《こうび》をすることができる、しっかりしたおとなの体《からだ》をつくるのです。

■朝日《あさひ》をあびて飛《と》びたとうとしているギンヤンマ。

尾《お》つながりのまま卵《たまご》を産《う》むモノサシトンボ。水面《すいめん》に葉《は》をひろげている水《みず》草《くさ》の茎《くき》に卵《たまご》を産《う》みつけています。このトンボは、右《みぎ》のページのように、ギンヤンマとは羽化《うか》の方法《ほうほう》がすこしちがいます。

ほかのトンボの羽化《うか》

トンボの羽化《うか》のしかたは、大《おお》きく分《わ》けて２つあります。オニヤンマやムカシトンボ、シオカラトンボやアキアカネなどのなかま、エゾトンボのなかま、カワトンボのなかまは、ギンヤンマと同《おな》じ形《かたち》で羽化《うか》します。

ギンヤンマとは羽化《うか》のしかたがすこしちがうのは、イトトンボやモノサシトンボ、アオイトトンボのなかまと、ムカシヤンマやサナエトンボのなかまのトンボたちです。

これらのトンボは、成虫《せいちゅう》が羽化《うか》するとちゅうで、頭《あたま》を下《した》にせず、そのまままっすぐ腹《はら》をひきぬくのです。このなかには、幼虫《ようちゅう》が茎《くき》などにつかまらず、水辺《みずべ》の土《つち》や石《いし》に上陸《じょうりく》して羽化《うか》する種類《しゅるい》もいます。

△モノサシトンボの羽化《うか》。幼虫《ようちゅう》の胸部《きょうぶ》の背中側《せなかがわ》の皮《かわ》がさけて、成虫《せいちゅう》の胸《むね》と頭《あたま》が出《で》てきます。

△あしをひきぬき、腹《はら》が半分《はんぶん》ほど出《で》てきた状態《じょうたい》で、あしがかたくなるまでじっとしています。

△かたくなったあしで植物《しょくぶつ》の茎《くき》にしっかりとつかまり、腹《はら》をひきぬきます。

△はねをのばし、腹《はら》をのばしてから、はねがかわいてかたまるのをまちます。

水辺《みずべ》にもどってきた

　羽化《うか》してから１か月《げつ》ほどたったころ、池《いけ》にギンヤンマのオスが飛《と》んできました。林《はやし》でたくさん虫《むし》をたべ、すっかりおとなになって、もどってきたのです。オスはここで自分《じぶん》のなわばりをつくり、交尾《こうび》をして子孫《しそん》をのこすために、メスがやってくるのをまつのです。

　このようにして水辺《みずべ》では、なかまやほかのトンボ、ほかのいろいろな生《い》き物《もの》と、きそったりたたかったりしながら、トンボがくらしているのです。

■夏《なつ》の日《ひ》ざしが強《つよ》くなるころ、ため池《いけ》の上《うえ》をパトロールしながら飛《と》ぶギンヤンマのオス。

トンボをよぼう

　トンボは、生《い》きている虫《むし》をたべるので、成虫《せいちゅう》を飼育《しいく》するのはたいへんです。でも、校庭《こうてい》や庭《にわ》、ベランダなどに小《ちい》さな水辺《みずべ》をつくって、トンボをよぶことはできます。

　大《おお》きめのプランターや発泡《はっぽう》スチロールの箱《はこ》、プラスチックの池《いけ》などに土《つち》と水《みず》を入《い》れ、水辺《みずべ》で育《そだ》つ植物《しょくぶつ》や水草《みずくさ》を植《う》えるだけです。自然《しぜん》にあつまるほかの虫《むし》をトンボが自分《じぶん》でとらえるので、えさをあたえる必要《ひつよう》はありません。

　飛《と》んできたトンボを観察《かんさつ》して、体《からだ》のしくみや、動《うご》き方《かた》、くらし方《かた》などをしらべてみましょう。うまくいけば、トンボが卵《たまご》を産《う》むこともあります。

　また、近《ちか》くにビオトープがあれば、そこへも行《い》ってみましょう。

△公園《こうえん》につくられた水辺《みずべ》の虫《むし》をよぶためのビオトープ。池《いけ》や水路《すいろ》をつくり、水辺《みずべ》の植物《しょくぶつ》や水草《みずくさ》を植《う》えます。メダカやオタマジャクシなどをはなすこともあります。

イグサやヨシ、スイレンなどの水《みず》につかってはえる植物《しょくぶつ》を植《う》えましょう。観賞魚用《かんしょうぎょよう》の水草《みずくさ》をポットごと入《い》れてもかまいません。メダカやヌマエビを入《い》れると、ボウフラの発生《はっせい》をおさえることができます。

園芸用《えんげいよう》のプランターの水《みず》ぬきあなにふたをして、土《つち》と水《みず》を入《い》れます。発泡《はっぽう》スチロールのはこや、プラスチックの池《いけ》なども利用《りよう》できます。午前中《ごぜんちゅう》によく日《ひ》があたり、午後《ごご》は明《あか》るい日《ひ》かげになるような場所《ばしょ》におきましょう。

ヤゴを飼《か》おう

池《いけ》などでヤゴをみつけたら、１～２ひき持《も》ちかえって、教室《きょうしつ》や自分《じぶん》の家《いえ》で飼《か》ってみましょう。けんかをしたり、なかまどうしでたべあったりするので、かならず１ぴきずつ、べつべつに飼《か》ってください。

飼育《しいく》すると、ヤゴの体《からだ》のしくみや、動《うご》き方《かた》、くらし方《かた》などをよく知《し》ることができます。じょうずに飼《か》えば、羽化《うか》してトンボになるところも観察《かんさつ》できるかもしれません。

長《なが》く飼《か》わない場合《ばあい》は、観察《かんさつ》がおわったら、かならずつかまえた場所《ばしょ》にもどしてください。

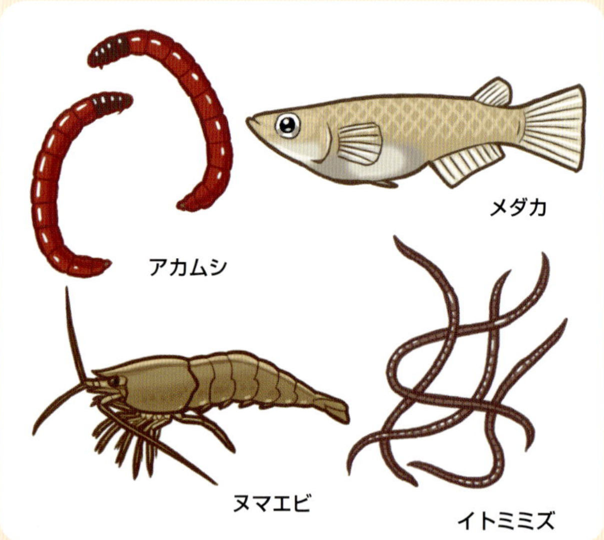
アカムシ
メダカ
ヌマエビ
イトミミズ

▲小《ちい》さなヤゴには、アカムシやイトミミズなどをあたえましょう。大《おお》きなヤゴは、メダカやヌマエビなどをいっしょに飼《か》いましょう。

長《なが》い方《ほう》のはばが 20～30㎝くらいの飼育《しいく》ケースに、日《ひ》なたに１日《にち》おいた水《みず》をいれましょう。２週間《しゅうかん》に１回《かい》くらい、水《みず》を半分《はんぶん》くらいかえましょう。
春《はる》になったら、けんざんに木《き》のぼうをさしておきましょう。ぼうが水面《すいめん》から出《で》るようにしておけば、羽化《うか》をするときに、ヤゴがつかまります。

飼育《しいく》ケースは、ちょくせつ日《ひ》があたらない、明《あか》るい場所《ばしょ》におきましょう。冷房《れいぼう》や暖房《だんぼう》をしていない場所《ばしょ》におきましょう。成虫《せいちゅう》になったら、ヤゴをつかまえた場所《ばしょ》ににがしましょう。

▶小《ちい》さなヤゴは、プラスチックの食品容器《しょくひんようき》でも飼《か》うことができます。

キンギョモなどの水草《みずくさ》を入《い》れておくと、水《みず》をきれいにたもつのに、やくだちます。

メダカやヌマエビをいっしょに飼《か》いましょう。ヤゴがつかまえてたべます。

みてみよう やってみよう

ヤゴの体《からだ》

ギンヤンマのヤゴは、はじめは2ミリメートルほどの大《おお》きさしかありませんが、終齢幼虫《しゅうれいようちゅう》では5センチメートル以上《いじょう》になるので、ルーペを使《つか》わなくてもじゅうぶんに観察《かんさつ》できます。体《からだ》の細《こま》かい部分《ぶぶん》は、ルーペを使《つか》って観察《かんさつ》してみましょう。

小《ちい》さなヤゴと大《おお》きなヤゴの体《からだ》のつくりのちがいや、どんなところが成虫《せいちゅう》とにていて、どんなところがちがうか、よく観察《かんさつ》して調《しら》べてみましょう。

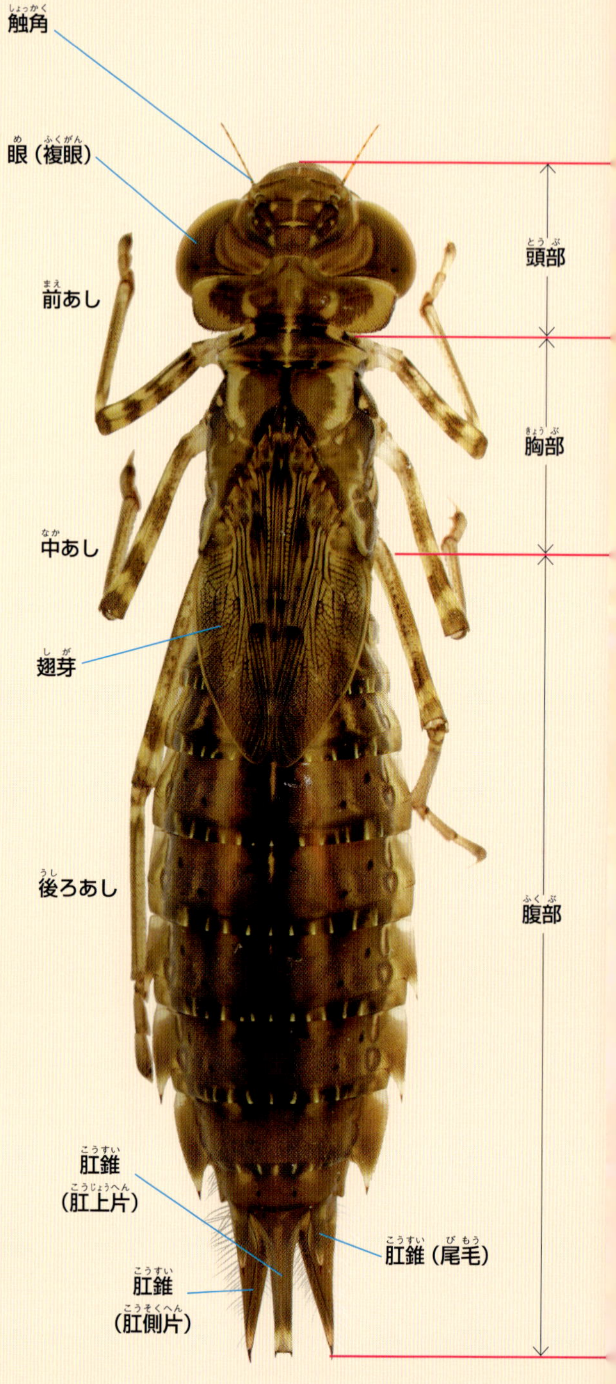
触角《しょっかく》
眼《め》（複眼《ふくがん》）
前《まえ》あし
中《なか》あし
翅芽《しが》
後《うし》ろあし
肛錐《こうすい》
（肛上片《こうじょうへん》）
肛錐《こうすい》
（肛側片《こうそくへん》）
肛錐《こうすい》（尾毛《びもう》）
頭部《とうぶ》
胸部《きょうぶ》
腹部《ふくぶ》

△ギンヤンマのオスの終齢幼虫《しゅうれいようちゅう》（背中側《せなかがわ》）

△オスの腹先《はらさき》を腹側《はらがわ》からみたところ。肛錐《こうすい》（肛側片《こうそくへん》）が開《ひら》いている状態《じょうたい》です。

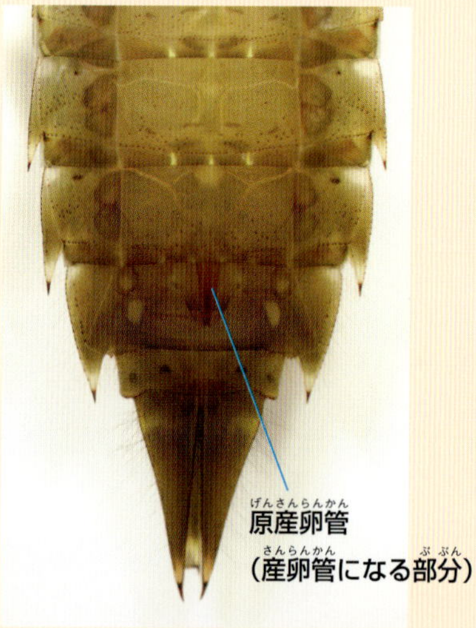
原産卵管《げんさんらんかん》
（産卵管《さんらんかん》になる部分《ぶぶん》）

△メスの腹先《はらさき》を腹側《はらがわ》からみたところ。肛錐《こうすい》（肛側片《こうそくへん》）がとじている状態《じょうたい》です。

ギンヤンマのオスの終齢幼虫《しゅうれいようちゅう》（腹側《はらがわ》）

頭部《とうぶ》には大《おお》きな眼《め》（複眼《ふくがん》）と短《みじか》い触角《しょっかく》があり、眼《め》でみて、えものをさがします。

下唇《かしん》は口《くち》の下《した》にたたまれていて、前《まえ》につき出《だ》すことができます。

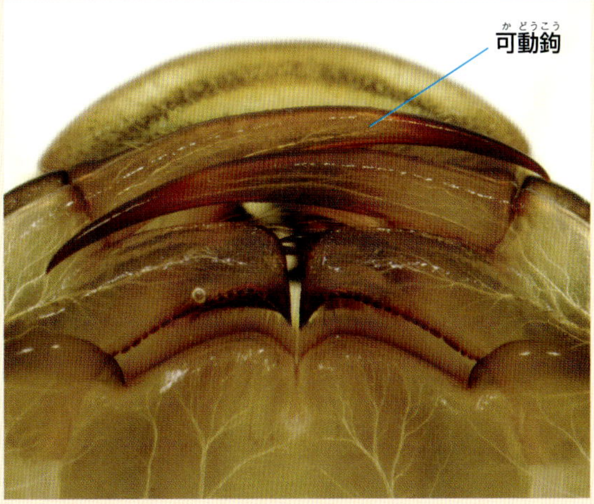

下唇《かしん》の先《さき》には、とじ開《ひら》きできるするどいきば（可動《かどう》鉤《こう》）があり、これでえものをはさんで、とらえます。

ギンヤンマの体《からだ》

　ギンヤンマの成虫《せいちゅう》は、頭部《とうぶ》に大《おお》きな複眼《ふくがん》を２個《こ》（１対《つい》）、単眼《たんがん》を３個《こ》、短《みじか》い触角《しょっかく》を２本《ほん》（１対《つい》）もっています。複眼《ふくがん》で小《ちい》さなものまで見分《みわ》け、単眼《たんがん》では明《あか》るさを感《かん》じます。

　胸部《きょうぶ》には、大《おお》きなはねが４枚《まい》（２対《つい》）あります。前《まえ》ばねと後《うし》ろばねをべつべつに動《うご》かすことができ、前後左右《ぜんごさゆう》に飛《と》んだり、ヘリコプターのように空中《くうちゅう》でとどまっていることもできます。

　腹部《ふくぶ》は細長《ほそなが》く、飛《と》ぶときにバランスをとったり、かじをとるのに使《つか》います。

▲トンボの触角《しょっかく》はとても短《みじか》く、あまり目立《めだ》ちません。

▲複眼《ふくがん》は個眼《こがん》という小《ちい》さな眼《め》が２万個以上《まんこいじょう》あつまっています。

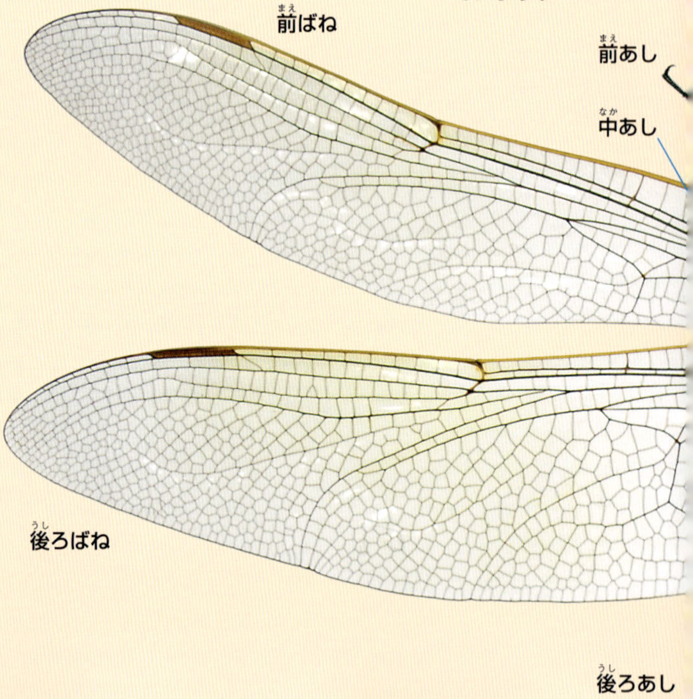
前《まえ》ばね
前《まえ》あし
中《なか》あし
後《うし》ろばね
後《うし》ろあし

▲腹部《ふくぶ》の先《さき》の尾部付属器《びぶふぞくき》で、メスの頭《あたま》の後《うし》ろをつかんでいるところ。

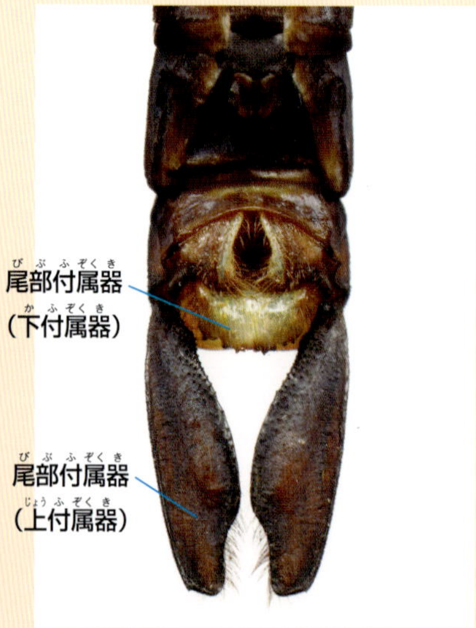
尾部付属器《びぶふぞくき》
（下付属器《かふぞくき》）
尾部付属器《びぶふぞくき》
（上付属器《じょうふぞくき》）

▲オスの腹部《ふくぶ》の先《さき》。尾部付属器《びぶふぞくき》が太《ふと》く、生殖器《せいしょくき》があります。

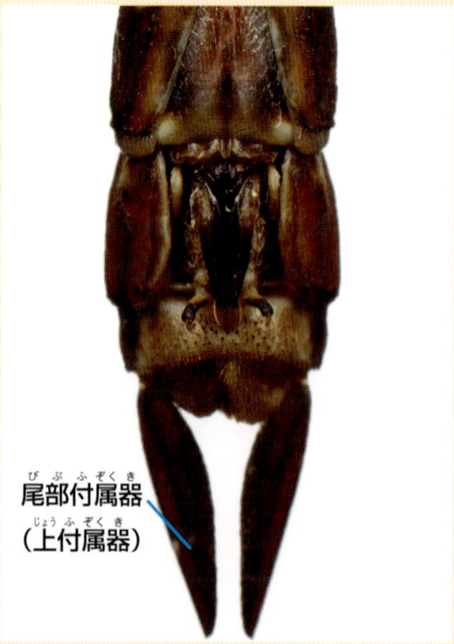
尾部付属器《びぶふぞくき》
（上付属器《じょうふぞくき》）

▲メスの腹部《ふくぶ》の先《さき》。尾部付属器《びぶふぞくき》は細《ほそ》く、産卵管《さんらんかん》があります。

△ 複眼《ふくがん》の前《まえ》にある触角《しょっかく》のあいだに、３個《こ》の単眼《たんがん》（矢印《やじるし》）があります。

△ 前《まえ》からみたオスの頭部《とうぶ》。

△ 前《まえ》からみたメスの頭部《とうぶ》。

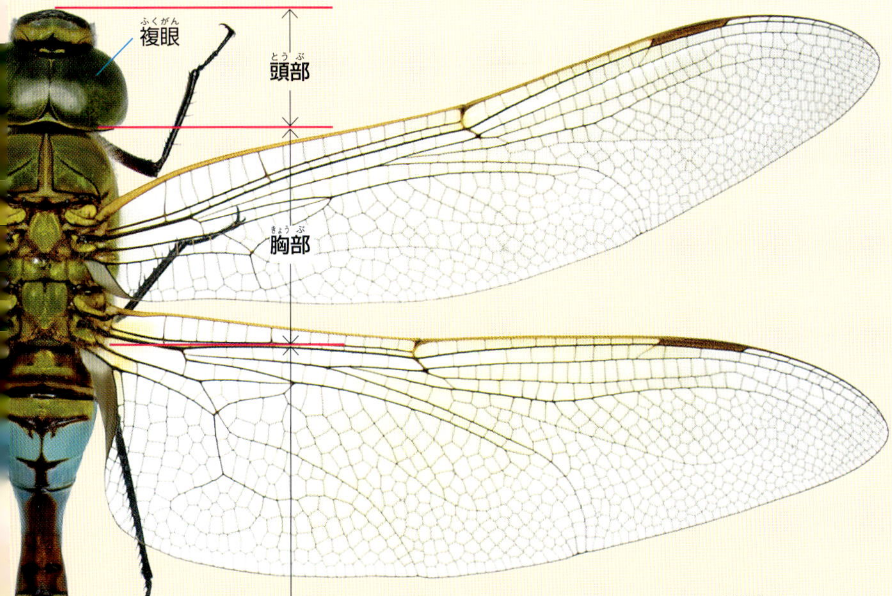

△ ギンヤンマのオスの成虫《せいちゅう》

△ 胸部《きょうぶ》の気門《きもん》。呼吸《こきゅう》するときに空気《くうき》を出《だ》し入《い》れするためのあなで、胸部《きょうぶ》に２対《つい》、腹部《ふくぶ》に８対《つい》あります。

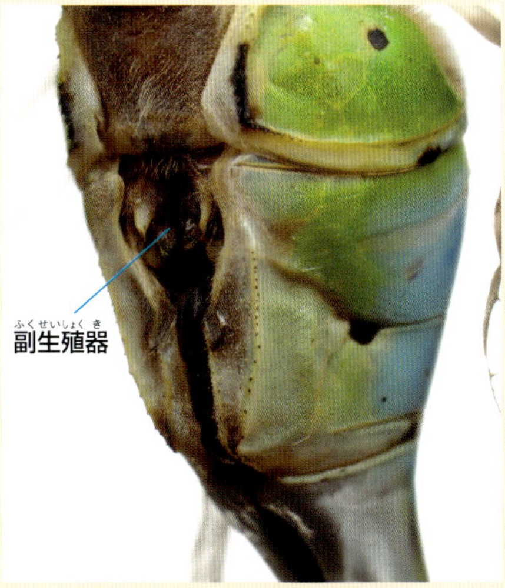

△ オスの腹部《ふくぶ》のつけねを腹側《はらがわ》からみたところ。２番目《ばんめ》の節《ふし》が水色《みずいろ》で、腹側《はらがわ》に副生殖器《ふくせいしょくき》があります。

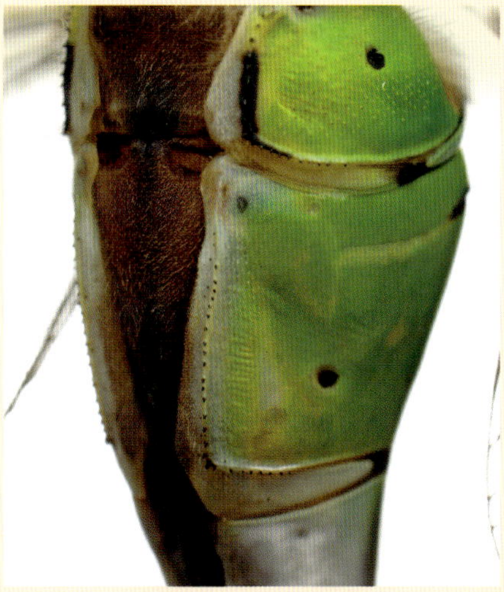

△ メスの腹部《ふくぶ》のつけねを腹側《はらがわ》からみたところ。２番目《ばんめ》の節《ふし》が緑色《みどりいろ》です。

かがやくいのち図鑑《ずかん》

トンボのなかま 1

日本《にほん》には、200種《しゅ》以上《いじょう》のトンボがいます。そのうちイトトンボやカワトンボのなかまは、前《まえ》ばねと後《うし》ろばねの形《かたち》が同《おな》じです。

セスジイトトンボ　体長《たいちょう》26～35㎜

北海道《ほっかいどう》から九州《きゅうしゅう》までの平地《へいち》や低《ひく》い山地《さんち》の池《いけ》や沼《ぬま》、小川《おがわ》などのまわりにすんでいます。春《はる》のおわりから秋《あき》までみられますが、夏《なつ》にもっとも数《かず》がおおくみられます。

キイトトンボ　体長《たいちょう》37～44㎜

本州《ほんしゅう》から九州《きゅうしゅう》の平地《へいち》から丘陵地《きゅうりょうち》の池《いけ》や沼《ぬま》、水田《すいでん》などのまわりにすんでいます。成虫《せいちゅう》は春《はる》から秋《あき》にみられます。

モートンイトトンボ　体長《たいちょう》25～28㎜

本州《ほんしゅう》から九州《きゅうしゅう》の平地《へいち》から丘陵地《きゅうりょうち》の湿地《しっち》、水田《すいでん》などのまわりにすんでいます。成虫《せいちゅう》は春《はる》から夏《なつ》のはじめにみられます。

エゾイトトンボ　体長《たいちょう》30～38㎜

寒《さむ》い地域《ちいき》にすむトンボで、北海道《ほっかいどう》から東北地方《とうほくちほう》、北陸地方《ほくりくちほう》までの山地《さんち》のつめたい水《みず》のある池《いけ》や沼《ぬま》のまわりにすんでます。北海道《ほっかいどう》では平地《へいち》でもすがたがみられます。成虫《せいちゅう》は春《はる》から夏《なつ》のはじめにみられます。

モノサシトンボ　体長《たいちょう》41～50㎜

北海道《ほっかいどう》から九州《きゅうしゅう》の平地《へいち》から丘陵地《きゅうりょうち》の池《いけ》や沼《ぬま》、湿地《しっち》などのまわりにすんでいます。成虫《せいちゅう》は春《はる》のおわりから秋《あき》のはじめにみられます。腹部《ふくぶ》にあるもようが、ものさしの目《め》もりのようにみえるので、このような名前《なまえ》がつけられました。

ミヤマカワトンボ　体長《たいちょう》62〜78㎜

北海道《ほっかいどう》から九州《きゅうしゅう》の丘陵地《きゅうりょうち》から山地《さんち》の川《かわ》のまわりにすんでいます。オス（写真《しゃしん》）の方《ほう》がメスにくらべて体《からだ》がやや大《おお》きく、はねの色《いろ》もこいです。成虫《せいちゅう》は春《はる》から夏《なつ》にみられます。

ハグロトンボ　体長《たいちょう》57〜67㎜

本州《ほんしゅう》から九州《きゅうしゅう》の平地《へいち》から丘陵地《きゅうりょうち》の川《かわ》や小川《おがわ》のまわりにすんでいます。メス（写真《しゃしん》）の腹部《ふくぶ》は黒《くろ》っぽいですが、オスの腹部《ふくぶ》は緑色《みどりいろ》にかがやいています。成虫《せいちゅう》は春《はる》のおわりから秋《あき》にみられます。

ニホンカワトンボ　体長《たいちょう》49〜63㎜

北海道《ほっかいどう》から九州《きゅうしゅう》の平地《へいち》から丘陵地《きゅうりょうち》の川《かわ》のまわりにすんでいます。成虫《せいちゅう》は春《はる》から夏《なつ》のはじめにみられます。メスは、はねの前《まえ》のふちに白《しろ》いふちどりがあります。

アオハダトンボ　体長《たいちょう》53〜61㎜

本州《ほんしゅう》から九州《きゅうしゅう》の平地《へいち》から丘陵地《きゅうりょうち》の川《かわ》のまわりにすんでいます。成虫《せいちゅう》は春《はる》から夏《なつ》のはじめにみられます。メスは、はねの前《まえ》のふちに小《ちい》さな白《しろ》いもようがあります。

アオモンイトトンボ　体長《たいちょう》31〜35㎜

本州《ほんしゅう》から沖縄《おきなわ》の平地《へいち》の池《いけ》や沼《ぬま》、水田《すいでん》、川《かわ》の水《みず》たまりなどのまわりにすんでいます。海《うみ》に近《ちか》い場所《ばしょ》でたくさんみられます。成虫《せいちゅう》は春《はる》から秋《あき》のおわりにみられます。メス（下《した》）の体《からだ》の色《いろ》は、写真《しゃしん》のような色《いろ》と、オス（上《うえ》）と同《おな》じような色《いろ》があります。

グンバイトンボ　体長《たいちょう》38〜41㎜

宮城県《みやぎけん》より南《みなみ》の本州《ほんしゅう》から九州《きゅうしゅう》の平地《へいち》から低《ひく》い山地《さんち》の小川《おがわ》のまわりにすんでいます。成虫《せいちゅう》は春《はる》のおわりから夏《なつ》にみられます。オスの中《なか》あしと後《うし》ろあしが白《しろ》く、先《さき》の方《ほう》の節《ふし》が相撲《すもう》の行司《ぎょうじ》がもつ軍配《ぐんばい》のようにひろがっています。

かがやくいのち図鑑《ずかん》

トンボのなかま 2

オニヤンマやギンヤンマ、アキアカネ、アオサナエなどのなかまのトンボは、前《まえ》ばねと後《うし》ろばねの形《かたち》が少《すこ》しちがいます。

オニヤンマ　体長《たいちょう》90～110㎜

日本《にほん》でいちばん体《からだ》が大《おお》きいトンボです。日本全国《にほんぜんこく》の平地《へいち》から山地《さんち》の小川《おがわ》などのまわりにすんでいます。成虫《せいちゅう》は夏《なつ》のはじめから秋《あき》にみられます。幼虫《ようちゅう》の期間《きかん》が長《なが》く、２～４年《ねん》ほどかけてゆっくり成長《せいちょう》し、羽化《うか》します。

ムカシヤンマ　体長《たいちょう》64～76㎜

日本《にほん》だけにすむトンボで、本州《ほんしゅう》と九州《きゅうしゅう》の山地《さんち》の川《かわ》のまわりなどでみられます。動《うご》きがにぶく、あまり飛《と》ぶことがなく、ものにとまっているのがよくみられます。成虫《せいちゅう》は春《はる》から夏《なつ》のはじめにみられます。

ギンヤンマ　体長《たいちょう》71～81㎜

日本全国《にほんぜんこく》の平地《へいち》から低《ひく》い山地《さんち》の池《いけ》や沼《ぬま》、水田《すいでん》や水路《すいろ》などのまわりにすんでいます。野原《のはら》や公園《こうえん》などにあらわれることもあります。成虫《せいちゅう》は春《はる》から秋《あき》のおわりにみられます。腹《はら》の２番目《ばんめ》の節《ふし》の色《いろ》が、オスは水色《みずいろ》、メスでは緑色《みどりいろ》です。

クロスジギンヤンマ　体長《たいちょう》72～83㎜

北海道南部《ほっかいどうなんぶ》から九州《きゅうしゅう》の平地《へいち》から低《ひく》い山地《さんち》の木《き》にかこまれた池《いけ》や沼《ぬま》のまわりにすんでいます。成虫《せいちゅう》は春《はる》から夏《なつ》のはじめにおおくみられます。ギンヤンマによくにていますが、体《からだ》の色《いろ》がこく、胸《むね》の黒《くろ》いもようがより太《ふと》く、全体《ぜんたい》に黒《くろ》っぽくみえます。

カトリヤンマ　体長《たいちょう》64～76㎜
本州《ほんしゅう》から沖縄《おきなわ》の丘陵地《きゅうりょうち》から低《ひく》い山地《さんち》の池《いけ》や沼《ぬま》、湿地《しっち》などにすんでいます。成虫《せいちゅう》は夏《なつ》のはじめから秋《あき》にみられます。

オオルリボシヤンマ　体長《たいちょう》78～89㎜
北海道《ほっかいどう》から本州《ほんしゅう》、九州《きゅうしゅう》の丘陵地《きゅうりょうち》から山地《さんち》の池《いけ》や沼《ぬま》などにすんでいます。成虫《せいちゅう》は夏《なつ》のはじめから秋《あき》のおわりにみられます。

アオサナエ　体長《たいちょう》56～62㎜
本州《ほんしゅう》から九州《きゅうしゅう》の平地《へいち》から低《ひく》い山地《さんち》の川《かわ》のまわりにすんでいます。成虫《せいちゅう》は春《はる》から夏《なつ》のはじめにみられます。

オオトラフトンボ　体長《たいちょう》53～57㎜
北海道《ほっかいどう》と本州《ほんしゅう》のわりあい大《おお》きな池《いけ》や沼《ぬま》などにすんでいます。成虫《せいちゅう》は春《はる》から夏《なつ》のはじめにみられます。

シオカラトンボ　体長《たいちょう》48～57㎜
日本全国《にほんぜんこく》の平地《へいち》から低《ひく》い山地《さんち》の池《いけ》や沼《ぬま》、水田《すいでん》などにすんでいます。成虫《せいちゅう》は春《はる》から秋《あき》にみられます。メスはうす茶色《ちゃいろ》です。

ショウジョウトンボ　体長《たいちょう》78～89㎜
北海道《ほっかいどう》から九州《きゅうしゅう》の平地《へいち》から低《ひく》い山地《さんち》の池《いけ》や沼《ぬま》、水田《すいでん》などにすんでいます。成虫《せいちゅう》は春《あき》から秋《あき》にみられます。

マユタテアカネ　体長《たいちょう》35～41㎜
北海道《ほっかいどう》から九州《きゅうしゅう》の平地《へいち》から低《ひく》い山地《さんち》の池《いけ》や沼《ぬま》、水田《すいでん》などにすんでいます。成虫《せいちゅう》は夏《なつ》のはじめから冬《ふゆ》のはじめにみられます。

アキアカネ　体長《たいちょう》36～43㎜
北海道《ほっかいどう》から九州《きゅうしゅう》の平地《へいち》から山地《さんち》の池《いけ》や沼《ぬま》、水田《すいでん》などにすんでいます。成虫《せいちゅう》は夏《なつ》は山地《さんち》で、秋《あき》は平地《へいち》でみられます。

ノシメトンボ　体長《たいちょう》41～48㎜
北海道《ほっかいどう》から九州《きゅうしゅう》の平地《へいち》から低《ひく》い山地《さんち》の池《いけ》や沼《ぬま》、水田《すいでん》などにすんでいます。成虫《せいちゅう》は夏《なつ》から秋《あき》にみられます。

コシアキトンボ　体長《たいちょう》40～49㎜
本州《ほんしゅう》から沖縄《おきなわ》の平地《へいち》から低《ひく》い山地《さんち》の池《いけ》や沼《ぬま》などのまわりにすんでいます。成虫《せいちゅう》は春《はる》のおわりから秋《あき》にみられます。

チョウトンボ　体長《たいちょう》32～41㎜
本州《ほんしゅう》から九州《きゅうしゅう》の平地《へいち》から低《ひく》い山地《さんち》の池《いけ》や沼《ぬま》などにすんでいます。成虫《せいちゅう》は夏《なつ》のはじめから秋《あき》のはじめにみられます。

ウスバキトンボ　体長《たいちょう》45～52㎜
毎年南方《まいねんなんぽう》からわたってきて、日本全国《にほんぜんこく》を北上《ほくじょう》します。夏《なつ》のはじめから秋《あき》におおくみられ、水田《すいでん》などで一時的《いちじてき》に繁殖《はんしょく》します。

さくいん

この本《ほん》で使《つか》っていることばの意味《いみ》

羽化《うか》　昆虫《こんちゅう》が成虫《せいちゅう》になること。カブトムシやクワガタムシ、チョウやガ、ハチやアブなどでは、さなぎのからから成虫《せいちゅう》が出《で》てくることをいいます。セミやカメムシ、トンボ、バッタなど、さなぎの時期《じき》がない昆虫《こんちゅう》では、最後《さいご》の脱皮《だっぴ》を終《お》えた幼《よう》虫《ちゅう》（終齢幼虫《しゅうれいようちゅう》）から成虫《せいちゅう》が出《で》てくることをいいます。

大《おお》あご　昆虫《こんちゅう》やクモ、ダンゴムシ、エビやカニ、ムカデやヤスデなどの口《くち》にある、きばのような器官《きかん》。もともとはあしであった部分《ぶぶん》から発達《はったつ》した器官《きかん》なので、左右《さゆう》で１対《つい》になっています。食物《しょくもつ》をかじるほか、敵《てき》をこうげきするために使《つか》われることもあります。

尾《お》つながり　オスのトンボとメスのトンボが連結《れんけつ》したようになっている状態《じょうたい》のことで、タンデムともいいます。オスが腹《ふく》部《ぶ》の先《さき》にある尾部付属器《びぶふぞくき》という器官《きかん》でメスの頭部《とうぶ》や胸部《きょうぶ》をつかみ、連結《れんけつ》した形《かたち》になります。トンボが繁殖《はんしょく》するときにみられる状態《じょうたい》で、交尾《こうび》をする相手《あいて》のメスをほかのオスにうばわれないようにし、無事《ぶじ》に交尾《こうび》をし、産卵《さんらん》をすませるまでおこなわれることもあります。

外骨格《がいこっかく》　昆虫《こんちゅう》やクモ、ダンゴムシ、エビやカニ、ムカデやヤスデ、ウニやヒトデなどの体《からだ》の外側《そとがわ》をおおっているかたくなった皮膚《ひふ》のこと。これらの生物《せいぶつ》には、ヒトや哺乳動物《ほにゅうどうぶつ》、鳥《とり》、ヘビやトカゲ、カエルや魚《さかな》などとちがい、体《からだ》の内部《ないぶ》に骨《ほね》がないので、外骨格《がいこっかく》が体《からだ》をささえるやくわりをします。カブトムシやクワガタムシ、テントウムシなどは、チョウやハチ、セミ、バッタなどにくらべて外骨格《がいこっかく》がかたく、前《まえ》ばねも甲《こう》らのようになって背中《せなか》をおおっているので、甲虫《こうちゅう》とよばれます。

気門《きもん》　昆虫《こんちゅう》の胸部《きょうぶ》や腹部《ふくぶ》にある呼吸《こきゅう》をするために気体《きたい》を出《だ》し入《い》れする器官《きかん》。昆虫《こんちゅう》には人間《にんげん》のような肺《はい》はなく、呼吸《こきゅう》に必要《ひつよう》な酸素《さんそ》は、気門《きもん》から体《からだ》の中《なか》に通《つう》じている気管《きかん》・気管小枝《きかんしょうし》という管《くだ》によって、体中《からだじゅう》の細胞《さいぼう》に運《はこ》ばれます。ぎゃくに細胞《さいぼう》が呼吸《こきゅう》することでできた二酸化炭素《にさんかたんそ》は、気管小枝《きかんしょうし》・気管《きかん》を通《とお》り、気門《きもん》から体外《たいがい》に排出《はいしゅつ》されます。

終齢幼虫《しゅうれいようちゅう》　幼虫《ようちゅう》が脱皮《だっぴ》をくりかえし、それ以上脱皮《いじょうだっぴ》をしなくなった段階《だんかい》になった幼虫《ようちゅう》のこと。卵《たまご》からふ化《か》した幼虫《ようちゅう》または前幼虫《ぜんようちゅう》が脱皮《だっぴ》したものを１齢幼虫《れいようちゅう》、１回脱皮《かいだっぴ》した幼虫《ようちゅう》を２齢《れい》幼虫《ようちゅう》と数《かぞ》えます。ギンヤンマではふつう、14齢幼虫《れいようちゅう》が終齢《しゅうれい》幼虫《ようちゅう》になります。トンボやセミ、バッタなどの昆虫《こんちゅう》では、終《しゅう》齢幼虫《れいようちゅう》から成虫《せいちゅう》が羽化《うか》します。このような成長《せいちょう》のしかたを不《ふ》完全変態《かんぜんへんたい》といいます。これに対《たい》して、カブトムシなどの甲虫《こうちゅう》や、チョウ、ハチなどの昆虫《こんちゅう》では、終齢幼虫《しゅうれいようちゅう》からさなぎになり、さなぎから成虫《せいちゅう》が羽化《うか》します。このような成長《せいちょう》のしかたを完《かん》全変態《ぜんへんたい》といいます。

水生昆虫《すいせいこんちゅう》　幼虫《ようちゅう》や成虫《せいちゅう》など、一生《いっしょう》の一時期《いちじき》または一生《いっしょう》のほとんどを水中《すいちゅう》や水面《すいめん》で生活《せいかつ》する昆虫《こんちゅう》。トンボやカゲロウ、カワゲラ、トビケラなどのように幼虫《ようちゅう》が水中《すいちゅう》で生活《せいかつ》するもの、ゲンゴロウやタガメ、タイコウチ、ミズカマキリのように、幼《よう》虫《ちゅう》も成虫《せいちゅう》も水中《すいちゅう》で生活《せいかつ》するものなどがいます。幼虫《ようちゅう》には、えらなどをもっていて水中《すいちゅう》で呼吸《こきゅう》できるものもいますが、大部《だいぶ》分《ぶん》の成虫《せいちゅう》は水中《すいちゅう》では呼吸《こきゅう》ができず、呼吸管《こきゅうかん》など体《からだ》の一部《いちぶ》を水《すい》面《めん》から出《だ》し、空気《くうき》をすいます。

脱皮《だっぴ》　外骨格《がいこっかく》をもつ動物《どうぶつ》が、成長《せいちょう》するために全身《ぜんしん》の古《ふる》い皮《かわ》やからをぬぎすて、新《あたら》しいからを身《み》にまとうようになること。古《ふる》い皮《かわ》の下《した》にできた新《あたら》しい皮《かわ》は最初《さいしょ》はやわらかいので、脱皮《だっぴ》をした直後《ちょくご》にのびて、体《からだ》が大《おお》きくなることができます。昆虫《こんちゅう》は幼虫《ようちゅう》のときに数回脱皮《すうかいだっぴ》をし、成虫《せいちゅう》になると脱皮《だっぴ》しなくなります。ギンヤンマは、幼虫《ようちゅう》のときに13回脱皮《かいだっぴ》をして、そのつぎの脱皮《だっぴ》では成虫《せいちゅう》になります。

ビオトープ　学校《がっこう》や公園《こうえん》、河川敷《かせんじき》などに水辺《みずべ》や湿地《しっち》、林《はやし》、草《くさ》地《ち》などの環境《かんきょう》をつくり、そこに野生《やせい》の生物《せいぶつ》がくらせるようにした場所《ばしょ》。もともとは、野生《やせい》の生物《せいぶつ》が生活《せいかつ》する空間《くうかん》をさすことば。1970年代《ねんだい》から、野生《やせい》の生物《せいぶつ》を人間《にんげん》が生活《せいかつ》する場所《ばしょ》の近《ちか》くによびもどそうという考《かんが》えが世界的《せかいてき》にひろがり、そのために、荒《あ》れはてたりこわされたりした自然《しぜん》を、人間《にんげん》の手《て》で元《もと》ににた形《かたち》にもどす活動《かつどう》がさかんになりました。

ふ化《か》　卵《たまご》がかえって、幼虫《ようちゅう》や子《こ》が出《で》てくること。ギンヤンマではメスが産《う》んだ卵《たまご》は、10日《とおか》から２週間《しゅうかん》ほどでふ化《か》します。

NDC 486
中瀬　潤
科学のアルバム・かがやくいのち 3
トンボ
水生昆虫と水辺
あかね書房 2021
64P 29cm × 22cm

■監修　岡島秀治
■写真　中瀬 潤
■文　大木邦彦（企画室トリトン）
■編集協力　企画室トリトン（大木邦彦・堤 雅子）
■写真協力　（株）アマナイメージズ
■イラスト　小堀文彦
■デザイン　イシクラ事務所（石倉昌樹・隈部瑠依）
■協力　牧野 周（日本蜻蛉学会会員・東北大学農学部教授）
伊藤 智（日本蜻蛉学会会員）

■参考文献
・『日本産トンボ幼虫・成虫検索図説』（1988），石田昇三，石田勝義，小島圭三，杉村光俊，東海大学出版会.
・『ギンヤンマ』（2008），栗林 慧・写真，中瀬 潤・写真，三原道弘・文，上田哲行・監修，アスク.
・『トンボのすべて 第2改訂版』（2008），井上 清，谷 幸三，トンボ出版.
・『原色川虫図鑑』（2000），丸山博紀，高井幹夫共著，谷田一三・監修，全国農村教育協会.
・『日本産幼虫図鑑』（2005），林 長閑ほか監修，学習研究社.

科学のアルバム・かがやくいのち 3
トンボ 水生昆虫と水辺

2010年３月初版　2021年４月第５刷

著者　中瀬 潤
発行者　岡本光晴
発行所　株式会社　あかね書房
〒101-0065　東京都千代田区西神田３－２－１
03-3263-0641（営業）　03-3263-0644（編集）
https://www.akaneshobo.co.jp
印刷所　株式会社 精興社
製本所　株式会社 難波製本

ISBN978-4-251-06703-6
定価は裏表紙に表示してあります。
落丁本・乱丁本はおとりかえいたします。